最赞妈咪 著

掌厨美食达人书系 01

0~6岁萌娃爱吃的
花式营养餐

U0385942

黑龙江科学技术出版社
HEILONGJIANG SCIENCE AND TECHNOLOGY PRESS

图书在版编目（CIP）数据

0～6岁萌娃爱吃的花式营养餐 / 最赞妈咪著 . -- 哈尔滨 : 黑龙江科学技术出版社，2018.9
　ISBN 978-7-5388-9839-2

　Ⅰ . ① 0… Ⅱ . ①最… Ⅲ . ①儿童－保健－食谱
Ⅳ . ① TS972.162

　中国版本图书馆 CIP 数据核字 (2018) 第 185850 号

0～6岁萌娃爱吃的花式营养餐

0～6 SUI MENGWA AICHI DE HUASHI YINGYANGCAN

作　　者	最赞妈咪
项目总监	薛方闻
责任编辑	宋秋颖
策　　划	深圳市金版文化发展股份有限公司
封面设计	深圳市金版文化发展股份有限公司
出　　版	黑龙江科学技术出版社
	地址：哈尔滨市南岗区公安街 70-2 号　邮编：150007
	电话：（0451）53642106　传真：（0451）53642143
	网址：www.lkcbs.cn
发　　行	全国新华书店
印　　刷	深圳市雅佳图印刷有限公司
开　　本	720 mm×1020 mm　1/16
印　　张	10
字　　数	120 千字
版　　次	2018 年 9 月第 1 版
印　　次	2018 年 9 月第 1 次印刷
书　　号	ISBN 978-7-5388-9839-2
定　　价	39.80 元

自序

最赞宝贝·营养花式餐的历程
——最赞妈妈的华丽转身

印度有句谚语说："孩子小的时候，给他深根；长大之后，给他翅膀。"这就成了我和最赞爸爸养育孩子的指导准则。在养育"十全十美的孩子"与做个"尽心尽力的父母"之间，我毫不犹豫地选择了后者，成为了一名全职二孩妈妈，拥有一对可爱儿女地最赞妈妈！——哥哥最最四周岁、妹妹赞赞一周岁半。

"民以食为天"，吃是人生存的根本、自古以来人们都为了吃而奔波忙碌。"吃货"已成为当今社会的主流，成了爱美食、懂生活的朋友间的新宠，其代表的是一种温情随性、积极向上的生活态度。

其实，饮食文化是我们中华民族灿烂文明的重要组成部分，是对大自然创造出各种美食食材的敬畏和珍视。"吃"早已经融入到我们的习俗和文化里。我是从小吃着最赞外婆烹饪的美食长大的，对吃有一种说不清的依赖和偏好，并且一直幻想既能将传统美食和行为艺术结合在一起，又能同时保持食材原有的营养价值。

　　自从有了小家庭，有了最赞宝贝，蕴藏心底多年的能量终于慢慢释放，我经常为了家人的健康营养饮食而学着做各种中餐、多种西餐，当然包括亲手为孩子制作生日蛋糕……

　　2015年9月份，机缘巧合我加入一个辣妈群，那期分享的主题就是创意美食。嘉宾用三年的时间带给孩子不一样的早餐，无数张创意童趣的早餐图深深地吸引着我，这份持之以恒的母爱更是深深地感动着我，而这也猛然撼动了我内心的小宇宙。既然人家宝贝的早餐可以如此富有创意，那么我的最赞宝贝的早餐为何不能如此！当时最最刚好读小班，有分离焦虑，每天上学总会折腾一翻，我想如果每天上学前给他做一份充满爱心和童趣的营养早餐，那么结果将会如何呢？

　　唯有美食与爱不可辜负！我希望最赞宝贝的童年充满美好和童趣，在爱的海洋里尽情地享受欢乐时光！——于是最赞妈妈华丽转身，开启了营养花式餐之路！

　　从最初的简单模仿到如今的信手拈来，从简单的花式早餐到如今的应景精美花式餐，一份份花式餐见证了爱和坚持！在这短短的不到一年的时间我获得了无数

朋友的支持和点赞，也慢慢影响了一些朋友加入这个爱的行列，为心爱的宝贝制作营养花式餐。改变点点，收获满满，我不仅收获了最赞宝贝的满意，而且更让人惊喜的是获得了掌厨的青睐，邀我合作出书，用文字来见证这份爱和坚持！

现在特别流行一句话：皇帝一样的早餐，大臣一样的午餐，乞丐一样的晚餐。说的是一天食物丰盛度的分配。俗话说"早吃好，晚吃少"，营养早餐是健康生活的开始，一顿早餐最好能包含粮谷类主食，乳类，富含膳食纤维和维生素C的水果、蔬菜、坚果，以及健康的烹饪方式。

用心生活、用心爱，希望妈妈们能为了家人、为了爱，放慢一下脚步，耐心地配合一下我们孩子的节奏，让早餐成为连接家人、表达爱的方式！在都市繁忙紧张的生活中，每天被阳光叫醒后，拿出片刻时光，享受健康与美味，拥抱家人，拥抱生活！

最赞妈妈 邱可贞

目录 Contents

CHAPTER 1
餐盘上的动物世界

CHAPTER 2
趣味童话故事

CHAPTER 3

疯狂二次元

CHAPTER 4
童真备忘录

CHAPTER 5
舌尖上的节日

CHAPTER 6
最赞心间事

CHAPTER 1

餐盘上的动物世界

营养美味的食材，在巧手妈妈的魔法中，变成各种各样的小动物。即使抽不出时间带着孩子出门游玩，也能让他们在餐盘上认识动物世界。

01 企鹅

在燕子南飞的季节里，我们抬头就能看到成群的燕子。一次，带着最最出门的时候，大概因为燕子身上黑白分明的颜色，最最就下意识地把这些燕子误认成了企鹅。为了让他正确认识企鹅的模样，我今天便做了这份以企鹅为主题的摆盘餐点。

配料

什锦炒米线，橙子，芝士片，海苔，西瓜，坚果

造型

1 用芝士片剪出企鹅的肚子，然后用海苔剪出企鹅的头部和身体，用橙子皮剪出企鹅的脚丫。

2 取部分芝士片剪出数个椭圆形做企鹅的眼睛，再把海苔剪成小的圆圈为其点睛。

3 将西瓜取片剪成心形，摆入盘中。另外剪出两个细条做企鹅的嘴巴。

4 将橙子切片叠放在盘中，再在一侧铺上什锦炒米线和坚果就完成了。

02 小刺猬

利用芝士片做底，铺上蓝莓，将一只可爱的小刺猬呈现在宝贝们的餐盘上。芳香诱人的蓝莓，搭配着其他水果、瓜子仁能够很好地吸引孩子们的注意力。为了让宝贝们吃上一顿营养饱腹的餐点，再配上牛奶和炒米线就足够了。

配 料

什锦炒米线，牛奶，芝士片，蓝莓，荔枝，瓜子仁

造 型

1 用芝士片剪出小刺猬的身体轮廓。

2 在芝士片上摆上蓝莓做刺猬的身体，接着摆出眼睛和嘴巴。

3 把瓜子仁摆在盘中一侧，做出爱心造型。

4 将荔枝摆放在空余位置上，配上一杯牛奶和什锦炒米线即可。

03 小猫咪

这是一份因小鱼表哥来家做客和最赞宝贝玩躲猫猫游戏的应景午餐！用简单的白米饭捏出小猫的造型，放上宝贝们平日里爱吃的零食，将两只可爱萌物展现在餐盘上。加上不同的蔬果菜肴，用有趣的摆盘方式纠正宝贝们的挑食问题，营养到位的同时，也让宝贝们得到用餐的乐趣。

配 料

白米饭，饼干条，海苔，鸡蛋，青瓜，虾，圣女果，鱼干，土豆丝，西瓜

造 型

1 戴上一次性手套，用白米饭捏出小猫咪的头部和身体。

2 将海苔剪碎，放在白米饭上做出猫咪的五官和胡须。

3 把饼干条剪成耳朵、嘴巴、尾巴和猫脚的模样，摆盘。

4 把西瓜剪成小领带和小领结的样子，放在饭团上做点缀。

5 在盘中空余的地方放上煸炒好的土豆丝、鱼干、虾、鸡蛋。

6 放上圣女果和青瓜，添加摆盘的色彩。

P.S. 花式餐之水果和蔬菜

　　"多吃应季的新鲜水果和蔬菜，皮肤滑滑的，身体棒棒的，还会长高高啊！"——这是我和最赞宝贝说的最多的一句话。尽管蔬菜和水果在营养成分方面有很多相似之处，但它们毕竟是两类不同食物，营养价值各有特点。

　　一般说，蔬菜品种远多于水果，而且多数蔬菜的维生素、矿物质和膳食纤维的含量高于水果。尽管如此，蔬菜却不能代替水果，水果可补充蔬菜摄入的不足之处。所以推荐宝贝们每餐有蔬菜，每日有水果，这样身体才会棒棒的！

04 鸵鸟

鸵鸟虽然不会飞，却素来以奔跑速度而闻名。因为今天最最要参加幼儿园的亲子运动会，所以我特意为他做了这份花式早餐。能量满满的什锦蛋炒饭，清爽可口的苹果块，将它们一起摆放在盘中做出鸵鸟的造型，附上营养满满的坚果和最最爱吃的软糖，希望他能够和鸵鸟一样在比赛中快速奔跑。

配料

什锦蛋炒饭，苹果，黑芝麻酱，坚果，小熊软糖

造型

1 用什锦蛋炒饭摆出鸵鸟的主体，再用黑芝麻酱将它的头部、脖子和腿爪画出来。

2 将苹果切片放在炒饭一侧作为鸵鸟的尾巴，剪出少许苹果皮做鸵鸟的嘴巴。

3 把坚果和小熊软糖放在一起摆放成花朵的样子即可。

P.S. 花式餐之鲜味的由来

　　作为舟山海岛的孩子，最赞宝贝从小吃着最新鲜的海鲜长大，对于自然鲜美的味道有着执着的追求。但是在日常餐饮中，食用过多的调味品不仅不健康，还会影响我们的味蕾。为此，我在这里特意分享了一份别样"味精"的制作方法，大家一起来学习一下吧！

　　这份自制的"味精"是用虾米制成的，所以这里提鲜的魔法材料当属小虾米了。首先把虾米洗净，用温水浸泡10分钟左右再次冲洗，洗去杂质的同时去除异味，捞出沥水备用；然后热锅，将洗好的虾米放进锅里炒干，虾米炒干后盛出凉凉；最后放进搅拌机打碎即可。

05 火红鸟

利用简单的材料，在盘子上摆出小鸟的造型，搭配着松饼食用，既简单又营养。我没有特意为这个摆盘取名，小鸟的造型也是随意摆出来的。但是最最看到火红色的桃子摆出的小鸟模样，毫不犹豫地为这道早餐取了名字——火红鸟。

配料

桃子，松饼，黑芝麻酱

造型

1 用黑芝麻酱在盘子中画出树干和枝叶。

2 将一颗桃子放在描画好的枝干上，刻画出小鸟的身体和嘴部，用黑芝麻酱点睛。

3 将松饼放在盘子一侧，随意摆盘。

06 小松鼠

松鼠是一种喜欢攀爬树木的小动物，棕褐色的皮毛和身后大大的尾巴是它最重要的特征，这样可爱的外表轻易就能俘获孩子们的心。而今天的摆盘早餐就以此为主题，简单地运用猕猴桃及其果皮创作出宝贝们爱吃的花式早餐。

配 料

猕猴桃，熟蛋黄，黑芝麻酱，坚果

造 型

1 用黑芝麻酱在盘中画出树干和树枝。

2 把猕猴桃切片，在树枝处摆放，以此作为树叶点缀。

3 用猕猴桃的外皮剪出两只小松鼠的造型，放在树干、树枝上。

4 在盘中放上几颗坚果点缀，再摆上一颗熟蛋黄做太阳即可。

07 仙鹤

小时候，我总喜欢看电视台播出的港剧《仙鹤神针》，一部《归元秘笈》引发的武林正邪之争，众多男神女神在剧中的精彩表演让我至今对这部港剧记忆犹新。为了满足心中的回忆，今天我将剧中的仙鹤呈现在了餐盘中。

配 料

　　蛋煎饺，煎蛋，圣女果，坚果，黑芝麻酱

造 型

1 将蛋煎饺摆放在盘中作为仙鹤的翅膀。

2 用黑芝麻酱画出仙鹤的头部，翅膀轮廓及腿爪，接着用圣女果点缀头部。

3 利用煎蛋和圣女果在盘中摆出旭日东升的场景。

4 将剩下的圣女果和坚果随意摆放即可。

P.S. 花式餐之饺子包起来

　　很多小朋友都不喜欢吃青菜，最赞宝贝也是如此，每次嚼了几口就要吐出来。为了让他们不缺乏营养，包一些荤素搭配的饺子给他们食用就可以解决营养不均衡的问题了。

　　如何让饺子的面皮好吃又筋道？只要在和面时加个鸡蛋就可以了。蛋清中的蛋白质能增加面皮的筋力，而蛋黄中的卵磷脂能让面皮口感滑爽，营养丰富。馅料中可以放入各种食材，如蔬菜类、肉类、菌藻类等，甚至水果都可以。

　　所以，饺子是最容易实现营养素均衡的食物，它可以水煮、蒸制、油煎……多种处理方式，好吃又营养啊！

08 孔雀

孔雀被称为"百鸟之王"。孔雀虽然有翅膀却不善于飞行，全身最引人瞩目的当属雄孔雀的尾巴。雄孔雀开屏，华美无比。带着最最去动物园游玩的时候，亲眼看到孔雀开屏的模样，斑斓的尾羽让最最惊讶了很久，于是今天就给宝贝们做了孔雀摆盘的早餐。

配料

蛋挞，熟蛋黄，圣女果，青葡萄，蓝莓，黑芝麻酱

造型

1 用蛋挞翻面铺在盘子上做孔雀的身体。

2 用黑芝麻酱画出孔雀的头颈、双腿和爪子。

3 将圣女果、青葡萄对半切开，在盘中摆放做孔雀的尾羽，再撒上些许蛋挞上的酥皮。

4 在孔雀尾羽的底端，铺上数颗蓝莓。

5 将熟蛋黄做太阳即可。

P.S. 花式餐之鲜红的圣女果

　　圣女果，又被称为"小金果"和"爱情果"。在樱桃和草莓过季的时候，鲜红欲滴的圣女果在花式摆盘中的点缀地位不可小觑。

　　圣女果既是蔬菜又是水果，不仅色泽艳丽、形态小巧，而且味道酸甜适口、营养也十分丰富，除了含有番茄的所有营养成分之外，其自身的维生素含量是普通番茄的1.7倍，被联合国粮农组织列为优先推广的"四大水果"之一。另外，常吃圣女果可以促进小朋友的生长发育，增加他们的身体抵抗力啊！

09 太阳狮

一直都想试试做一次狮子的摆盘，但怎么也找不到合适的材料。偶然间看到家里的果盘中放着的橙子，灵感瞬间涌来。利用红黄色的橙子果肉在餐盘上摆出狮子的造型，这是一次新的尝试，乍一看，和太阳有些相似，于是最最的外婆就为它取了个名字——太阳狮。

配料

巧克力麦芬，牛奶，橙子，蓝莓，坚果，小熊软糖，圣女果

造型

1 将橙子切片，用剪刀剪出狮子圆形的头部。

2 剪出狮子梯形的身体和三角形的鬃毛。

3 利用剩下的橙子皮，剪出细条作为尾巴。

4 用蓝莓做狮子的眼睛和嘴巴，剩下的用来点缀鬃毛。

5 把坚果放置在盘中一侧，再放上小熊软糖和圣女果。

6 搭配上巧克力麦芬、牛奶，即可食用。

024

10 狒狒

把澄黄的小芒果对半，切开摆盘，再加上其他材料装饰点缀，狒狒的造型就出来了。再利用红色的圣女果摆出花朵的形状，最后搭配上营养满满的坚果和白水煮蛋等，一份好看又好吃的花式早餐就完成了。为了让宝贝们吃得饱饱的，我还特意加上了刺猬包啊！

配 料

刺猬包，芒果，白水煮蛋，什锦麦片，圣女果，黑芝麻酱，坚果

造 型

1 将芒果对半切开，摆盘做两只狒狒的身体。

2 将白水煮蛋对切，取其中一半的蛋白，把它剪成圆形作为狒狒的五官。

3 用黑芝麻酱画出狒狒的眼睛和头发。

4 将圣女果切成花朵和心形，放入盘中点缀。

5 用什锦麦片摆成心形造型，将刺猬包、坚果、白水煮蛋一同摆盘即可。

CHAPTER 2

趣味童话故事

美妙有趣的童话故事，是每个萌宝的
入睡宝典。现在将这些故事逐个融入
他们平日的餐点中，一定能够抓住萌
宝们的胃，让他们做乖巧的"光盘"
宝宝。

01 喜鹊报喜

喜鹊又被称作报喜鸟，全身最大的特征就是肚子那一圈明显的白色，在白色的餐盘中描绘出树枝的纹路和喜鹊身上的黑色轮廓，最后再用红樱桃作为点缀，点点鲜红表现出喜庆的意境。不过图中倒是犯了个小错误，不小心将喜鹊的尾巴画成剪刀状的了。

配 料

白煮蛋，樱桃，黑芝麻酱，葱段，熟蛋黄

造 型

1 用黑芝麻酱在盘子中勾勒出喜鹊的外形。

2 将白煮蛋对半切开，做喜鹊的肚子。

3 将鸡蛋中的熟蛋黄放置在圆盘左上角当作太阳。

4 用黑芝麻酱勾勒出树干和树枝。

5 将樱桃切片，在黑芝麻酱上摆放出花朵的造型，最后用葱段点缀。

P.S. 花式餐之如何挑选樱桃

　　在樱桃上季的那阵子，花式餐的点缀中总少不了那一抹红色。鲜艳欲滴的颜色，光是看着就让人很有食欲了。然而樱桃虽然好吃却不好挑选，那么该如何去挑选呢？

　　首先，我们应该查看樱桃底部的果梗，挑选的时候选择绿颜色的，果梗越绿就说明樱桃越新鲜。其次，要看樱桃表皮的光泽度，表皮发亮的是最好的，若是表皮已经有褶皱，说明水分已经严重缺失。最后，还要用手摸一下樱桃，表皮微微硬的为好，因为这样的樱桃果蝇钻不进去，不会留下虫卵，吃着更健康。

02 蚂蚁运食

在小学生的课本上，有很多寓言故事，其中关于蚂蚁的故事也有不少。蚂蚁虽小，却在很多事情上突显了它们的团队精神。面对比它们体积大许多倍的食物，蚂蚁们会团结一致将食物运回自己的蚁穴中，团结友爱是孩子们今天餐盘的主题。

配料

芒果，圣女果，肉松，坚果，黑芝麻酱，沙拉酱，胡萝卜片

造型

1 用水果刀将芒果切片，刻画出小推车的造型摆放在盘中。

2 用胡萝卜片当小推车的轮子。

3 用黑芝麻酱画出轮毂。

4 将圣女果对半切开，摆放出蚂蚁的头部和身体。

5 用黑芝麻酱画出蚂蚁的手脚和触角。

6 用沙拉酱和黑芝麻酱画出蚂蚁的眼睛。

7 把坚果直接堆放在小推车上当作粮食，将肉松铺在盘子一角做沙土即可。

P.S. 花式餐之坚果小助手

　　营养花式餐，不仅要好看好吃，还要注意营养搭配、饮食均衡。因此，坚果就是这些花式餐中的小助手！

　　让宝宝吃坚果好处有很多啊，因为坚果营养丰富，还能够补脑。其中，松子中含有丰富的维生素A和维生素E，以及人体必需的脂肪酸、油酸、亚油酸和亚麻酸。α-亚麻酸是胎儿早期视力发育所需的主要元素，可以让眼球更规则地生长。不过坚果也不是吃得越多越好，尤其是1～3岁的小朋友，吃坚果更要注意适量。

03 小老鼠偷油吃

小老鼠偷油吃的故事相信每一个小孩都曾经听过，甚至还有因此编制而成的小儿歌，语句朗朗上口又好理解。关于这个故事，它既是一个小笑话，也是一个极具教育意义的寓言哲理。将寓言故事化作盘中食物，更能加深孩子们的印象。

配料

白煮蛋，熟蛋黄，苹果，葡萄，坚果，海苔

造型

1 用白煮蛋切出小老鼠的头部、身体和小手摆放在盘中，用少许熟蛋黄点缀。用海苔做出小老鼠的眼和胡须。

2 将苹果切片，做出油桶造型，并刻出"油"字。

3 取一颗坚果摆在盘子右上方当作月亮。

4 剩下的葡萄和坚果在盘子下方一字排开摆放就行了。

04 凤凰呈祥

这一份餐点由最最早上赶时间，没来得及吃的花式早餐衍生而来的。为了补偿最最，我特意做了这道放学后的下午水果餐。色彩缤纷的果蔬，在雪白的圆盘上摆放成凤凰的造型，既高贵喜庆又别出心裁，一口接一口，最最吃了不少呢！

配料

橙子，苹果，青葡萄，杨梅，山竹，脆谷乐，锅巴，葡萄干，坚果，青瓜，黑芝麻酱

造型

1 用黑芝麻酱画出凤凰的头颈，放上杨梅做凤凰的嘴巴和头冠。

2 把橙子切成扇形作为翅膀，苹果皮切丝条如图点缀。

3 将青瓜切成薄片和长条数根，再把它们剪成齿轮形作为长尾巴。

4 在凤凰的羽翼上加入杨梅、山竹、青葡萄和锅巴，丰富摆盘的颜色和层次。

5 将坚果、锅巴、葡萄干和脆谷乐做摆盘点缀即可。

038

05 一个和尚挑水喝

每天晚上，在最最入睡前我总要给他讲一个睡前故事。今天的花式早餐也是中国最为经典的故事之一——《三个和尚》。能够增强抵抗力的芝士片、能够填饱肚子的烧卖，以及其他小零食，用最最喜欢的餐点元素，让他胃口大开不再挑食。

配料

烧卖，桃子，芝士片，黑芝麻酱，长条饼干，开心果，杨梅，白煮蛋

造型

1 用剪刀把芝士片剪出和尚的头部，然后用黑芝麻酱画出他的五官。

2 将桃子切片，剪出和尚的身体和四肢。

3 将长条饼干掰成两段作为扁担，摆放在和尚的肩头。

4 在盘中摆上两只烧卖作为水桶，用黑芝麻酱画上水桶的吊绳。

5 把白煮蛋剥壳切片，放在盘上，再摆上适量的开心果和杨梅就完成了。

040

06 两个和尚抬水喝

一个和尚挑水，两个和尚抬水，不难看出这是一个系列早餐。和前面的早餐相比，两个和尚的主题早餐运用了苹果和猕猴桃拼凑成人物的造型，红绿搭配，在色彩上也不会显得单调。再加上主食炒面和少许的开心果，这道花式餐的营养就更胜一筹了。

配 料

什锦炒米线，苹果，猕猴桃，开心果，黑芝麻酱，长条饼干

造 型

1 将苹果切片，刻画出和尚的头部，再用黑芝麻酱画出他们的五官。

2 将苹果和猕猴桃切片，分别剪出两个和尚的身体和四肢。

3 用长条饼干作为扁担，再把开心果摆放成水桶造型，用黑芝麻酱绘制出吊绳。

4 把什锦炒米线放在盘子下方即可。

07 三个和尚没水喝

《三个和尚》的故事最后，因为三人的争执和各不相让导致了没有水喝的结局。三个和尚的人物形象依旧用不同的蔬果去做造型，以西红柿、青瓜和芒果呈现和尚的区别，取青瓜段刻出水桶表现"没水喝"的主题，最后摆上萌宝们爱吃的主食就完成了。

配料

煎饺，白煮蛋，芝士片，西红柿，芒果，青瓜，开心果，黑芝麻酱

造型

1 用芝士片剪出和尚的头部，然后用黑芝麻酱画出五官。

2 将青瓜、芒果、西红柿切片，分别剪出三个和尚的身体和四肢。

3 取少许西红柿在和尚的额间点缀。

4 把适量青瓜切段，一半进行镂空处理，雕刻出水桶的造型。

5 将白煮蛋剥壳切片，摆入盘中，再放上煎饺和开心果。

044

08 番外之和尚有水喝

关于和尚挑水，最最开动了自己的小脑筋，想出了一个办法解决和尚没水喝的困境。于是就有了今天这个番外花式餐点，在盘中摆出山峰和寺庙，用果蔬点缀，最后借用最最的小玩具车把他的想法完整地在餐盘上展现出来。

配料

肉松饼，猕猴桃，青瓜，黑芝麻酱，玉米，樱桃，开心果，熟蛋黄

造型

1 用肉松饼剪出梯形做寺庙，然后用黑芝麻酱勾勒出寺庙的轮廓。

2 将猕猴桃切片，摆入盘中做青山背景，用青瓜条雕刻出树木的模样。

3 取一熟蛋黄放在寺庙一侧，表现旭日东升的场景。

4 将玩具小汽车摆放在盘中空白处。

5 把樱桃、开心果和玉米随意摆放即可。

CHAPTER 3

疯狂二次元

动画片永远是孩子们心中的至爱，可
爱的人物形象很快就能让孩子们记住
并且爱上它们。

048

01 大眼怪

大眼怪麦克是一只长有手脚的巨大眼睛,因为它的全身都是绿色的,所以在摆盘的时候运用绿色的水果就能够做出它的造型,再用鸡蛋摆出大眼怪的眼睛。为了丰富早餐的色彩,加入其他的营养果蔬就可以了。当然,它的四肢要用同色系的包子来完成。

配 料

饺子,橙子,青葡萄,艾青包,白煮蛋,坚果,樱桃

造 型

1 将青葡萄对半切开,层叠着摆成椭圆形作为大眼怪的脑袋。

2 取白煮蛋的蛋白,将其剪成椭圆形作为大眼怪的眼睛。

3 取一部分蛋白,剪成锯齿形作为牙齿。

4 把艾青包切片,剪成细长条和小三角,作为其四肢、手脚和耳朵。

5 将橙子切块摆放在盘中空白处,再放上饺子、樱桃和坚果点缀即可。

02 龙猫

《龙猫》是宫崎骏执导的动画电影，里面的龙猫体型虽然庞大却温驯无害，呆萌的形象让孩子们瞬间就爱上了这样的角色。今天，花式摆盘就是以龙猫为主题展开的。做法也很简单，将猕猴桃稍加修饰就可以做出它的造型了。

配 料

　　猕猴桃，刺猬包，黑芝麻酱，桃子，坚果，圣女果，海苔

造 型

1　用黑芝麻酱在盘中画出大树的树干。

2　将猕猴桃对切，一半切片作为树叶铺在树干上做点缀。

3　取另一半猕猴桃，削去部分表皮做龙猫的身体。

4　用黑芝麻酱画出龙猫的五官和肚子上的花纹，剩下的表皮剪出耳朵造型。

5　把海苔剪成条状做龙猫的胡须。

6　用刺猬包剪出一个白色小龙猫，用黑芝麻酱为其点睛，再画出一条细线，在线头一端放上圣女果。

7　将桃子切片摆入盘中，最后放上刺猬包和坚果即可。

052

03 小黄人

小黄人是电影《神偷奶爸》中的角色，是一种身体为黄色的胶囊状生物。我正好给最最买了一把小黄人的扇子，后来灵机一动，想到了今天的摆盘。黄澄澄的玉米正好可以用来做小黄人的身体，再用鸡蛋和海苔进行装点，可爱的小黄人就这样摆出来了。

配料

玉米，海苔，奶酪棒，脆谷乐，松子，油桃，黑芝麻酱

造型

1 取玉米分成两截作为小黄人的身体。

2 用海苔剪出小黄人的五官、头发和服饰以及其他点缀部分。

3 将奶酪棒剪成圆形铺放在玉米上作为小黄人的眼睛，用海苔点睛。

4 把油桃切片，摆出气球的造型，取其中一片剪成小黄人的手臂。

5 用黑芝麻酱画出气球线和小黄人的手脚及木棍。

6 把松子和脆谷乐摆在盘中即可。

04 胡巴

最近，带着最最去看了新上映的动画电影《捉妖记2》。看到最后，那只俏皮可爱、伤心时喜欢掉金豆豆，生气时喜欢缩成萝卜状的小萌物胡巴就在我的脑海中挥之不去了。而今天的花式早餐，自然就是可爱的小胡巴啦！这个摆盘只需要修剪一下芝士片，再做些点缀就可以了。

配料

饺子，芝士片，草莓奶酪，圣女果，荔枝，坚果，黑芝麻
酱，西瓜皮

造型

1　用芝士片剪出胡巴的头部、身体和四肢。

2　用黑芝麻酱勾勒出胡巴的外部轮廓，画出它的五官。

3　取少许的草莓奶酪和荔枝对胡巴进行点缀装饰。

4　将西瓜皮剪成云朵的形状，放置在胡巴头上做头发。

5　把饺子、圣女果、荔枝、坚果摆在盘中空白处即可。

056

05　小羊肖恩

《小羊肖恩》是最最喜欢的喜剧之一，几乎从无遗漏地追着整部动画片的更新。里面的主角肖恩是一只特立独行却又极为聪慧的小羊，用透白的荔枝果肉正好可以摆出肖恩羊身上卷曲的羊毛，再搭配上其他的食材，一道简单又美味的早餐就完成了。

配料

饺子，荔枝，白煮蛋，海苔，圣女果，坚果，小熊软糖，葡萄干

造型

1　用海苔剪出肖恩羊的头部和四肢。

2　荔枝剥皮取果肉，对切，摆放在盘中作为肖恩羊的身体。

3　白煮蛋取蛋白做肖恩羊的小毡帽和眼睛，荔枝核切小一点做鼻子和黑眼珠。

4　取整颗熟蛋黄放在肖恩羊的手边。

5　将坚果、葡萄干和小熊软糖摆在盘中，在其一侧再摆上饺子。

6　将圣女果对切，取一半放在肖恩羊的身上，另一半放在饺子中间做点缀。

06 疯狂动物城之市长

今天的花式早餐摆的人物造型是《疯狂动物城》中的狮市长，是疯狂动物城中的最高领导。头上厚重的鬃毛和身上黑色的西服是它的特色，所以在摆盘的时候要突出这些造型，其实用麦片和海苔就可以完美地解决人物的造型问题了。

配料

玉米，苹果，海苔，麦片，坚果，黑芝麻酱

造型

1 将苹果切片，剪出人物的脸部、耳朵、双手和鼻子。

2 用黑芝麻酱描绘出五官和手掌。

3 用海苔剪出衣服和裤子，取苹果的皮作为领带。

4 将苹果剪成细小的条状和方块，铺在盘中做领夹和皮带装饰。

5 在脸部周围铺上麦片做鬃毛。

6 把剩下的苹果片摆入盘中，再放上玉米和坚果即可。

P.S. 花式餐之百搭玉米

　　多吃五谷杂粮，有益身体健康。其中我的最爱是玉米。因为我极其钟爱玉米，所以最赞外公退休后种了一田地的玉米。将刚采摘的玉米放入锅中蒸煮，不用加任何的调味料，它自身的味道就足够鲜甜了。另外，新鲜的玉米粒还可以用来榨汁，或是做玉米糊，也可以作为什锦炒饭和特色菜的搭配。

　　玉米不仅好吃，而且营养丰富，维生素和植物纤维素含量非常高，可促进肠胃蠕动，可调中健脾、利尿消肿，还可以明目等。煮熟或蒸熟的嫩玉米更易吸收，不过记得吃玉米时要把玉米胚芽一起吃掉，它才是真正的营养所在。

07 疯狂动物城之豹警官

《疯狂动物城》中的本杰明警官是一只猎豹，所以摆盘中要着重突出他的形象特色，即猎豹脸上的斑点。豹警官的造型做好后，再摆上他最爱的甜甜圈，既可做装饰又可以食用，一举两得。

配 料

吐司，芝士片，黑芝麻酱，坚果，苹果，山竹，甜甜圈，葡萄干

造 型

1 用吐司剪出人物的脸部和耳朵的形状。

2 用芝士片按照图片所示剪出立体的轮廓，将其铺在吐司片上。

3 用黑芝麻酱画出人物的五官轮廓和脸上的斑点，在盘中描绘出人物的衣着外形。

4 将苹果切块，红色表皮朝上放在人物脸部做舌头。

5 把甜甜圈放在盘中，摆上苹果片、山竹、坚果和葡萄干搭配食用即可。

P.S. 花式餐之苹果天天见

An apple a day keeps the doctor away！一日一苹果，医生远离我！

苹果含有丰富的糖类、维生素和微量元素，其营养十分容易被人体消化吸收，因此十分适合孩子食用。

除此之外，苹果有红、青、黄等多种颜色，它的外皮也可以用来点缀花式餐。

08 疯狂动物城之尼克

今天的摆盘依旧以《疯狂动物城》为主题，我挑选了影片中的狐狸尼克做摆盘。这次的摆盘也很简单，捕捉人物的特色，用猕猴桃肉和芝士片做出人物造型，再稍加利用其果皮，做出领带，这样人物形象就立体起来了。搭配上其他的食材，一顿美美的早餐就完成啦！

配 料

刺猬包，白煮蛋，芝士片，猕猴桃，黑芝麻酱，坚果

造 型

1 用芝士片剪出尼克的头部、四肢和尾巴。

2 将猕猴桃切片，剪成衣服和裤子的形状。

3 利用猕猴桃的皮，剪成衣领和领带的形状。

4 用黑芝麻酱画出尼克的五官，接着勾勒出人物轮廓。

5 把白煮蛋切片摆盘，再放上坚果和刺猬包就完成了。

09 疯狂动物城之瞪羚

《疯狂动物城》系列早餐的最后一篇，是疯狂动物城中的万人迷偶像夏奇羊。高挑性感的身体，长有一对狭长的羊角是夏奇羊的特点，根据这个特点用吐司的不同色面去摆盘就可以很好地将人物呈现出来。而人物的一侧的头发用麦片就可以做出来。

配 料

　　吐司，黑芝麻酱，麦片，白煮蛋，圣女果，坚果

造 型

1 将吐司切边，取白色部分剪出脸部、耳朵、身体和手臂。

2 把吐司边进行裁剪，做出羊角、手臂、耳朵，如图铺放，
使整个画面呈现立体感。

3 用黑芝麻酱画出五官和羊角的纹路，再用麦片做成头发。

4 用圣女果剪出人物身上的服饰。

5 将白煮蛋切片摆盘，最后再放上坚果和圣女果即可。

10 米奇和米妮

这一个"米奇和米妮"的摆盘，起因是我看到了最最和赞赞的书包，灵光一闪便根据书包上面的卡通形象去做了营养花式餐。这次的摆盘基本以水果为主，这样富含维生素、造型又有趣的果盘，光看着都食欲大开了，最赞宝贝也不负众望地吃完了啊。

配料

芝士片，苹果，蓝莓，樱桃，坚果，黑芝麻酱，葡萄干

造型

1 用芝士片剪出米奇和米妮的头部，再用黑芝麻酱画出头部、耳朵和五官。

2 削下苹果的果皮，将其剪成三角形做出米妮的身体。

3 将苹果切片，取一片做米妮的裙子。

4 用蓝莓和苹果当米奇的身体，樱桃对切，刻成心形摆放在上方。

5 把坚果、葡萄干和樱桃一起放入盘中即可。

P.S. 花式餐之水果之王蓝莓

　　蓝莓，被称为"世界水果之王"，享有"超级水果"的美誉。赞赞可喜欢吃蓝莓了，它在花式摆盘中不仅能起到点缀增色的作用，还可以让小孩子练习手的抓握能力呢！

　　作为水果之王，蓝莓含有丰富的营养成分，属高氨基酸、高锌、高钙、高铁、高铜、高维生素的水果。而且它能够增强免疫能力、提高脑力、保护视力，非常适合小朋友们食用。

11 呱唧猫

最最在幼儿园看了动画片《海底小纵队》，回到家一直念叨着里面的人物，最后要求我做这一份早餐。呱唧猫是动画片里的主角之一，在造型制作上没有什么难度，只要在吐司上稍作修饰就可以了。同样，为了丰富摆盘内容，我在盘中还加了一些水果做点缀。

配 料

吐司，海苔，白煮蛋，苹果，坚果，黑芝麻酱，草莓酱

造 型

1 用吐司剪出人物的脸部、耳朵和鼻子。

2 将带边的吐司剪出两个三角形，在盘中摆出领结的形状。

3 用海苔剪出人物的眼睛、眼罩和帽子。

4 用草莓酱点缀耳朵和鼻子，用黑芝麻酱在脸上点上小斑点。

5 将苹果、白煮蛋切片摆入盘中，最后放上坚果即可。

P.S. 花式餐之吃鸡蛋的理由

几乎每一天的早餐，我都会变着花样来让最赞宝贝吃到鸡蛋。虽然水煮蛋能保持最多的营养成分，但是换换口味更好吃，如炒蛋、煎蛋、鸡蛋羹等。

除了自身拥有极高的营养成分外，鸡蛋耐饿，还能够帮助减肥、保护视力，同时它还是蛋白质的绝佳来源，有益于大脑发育和提高记忆力。最重要的一点就是，鸡蛋还可以以各种方式去花式摆盘，增添餐点的视觉效果。

12 magic car 托马斯

自从最最上学后，在老师的培育下似乎懂事了不少，经常回到家中没事干的时候就像个小书虫一样捧着本书津津有味地看着。今天做的花式餐是根据最最英语书上的一个卡通形象做的，也想借此鼓励最最的勤奋好学。

配料

西瓜，白煮蛋，圣女果，紫葡萄，奥利奥饼干，坚果，巧克力酱

造型

1 取西瓜果肉，剪出小汽车的造型。

2 将白煮蛋对半切开，用蛋白做托马斯的耳朵、眼睛和嘴巴。

3 剩下的蛋黄用来做太阳和托马斯的尾巴、鼻子。

4 将紫葡萄切半放在眼睛上点睛。

5 取西瓜皮，铺在盘中做马路，放上奥利奥饼干做车轮。

6 将圣女果对半切开，剪出尾巴的形状做瓢虫的身体，紫葡萄对半切开做瓢虫的脑袋。用巧克力酱点出瓢虫身上的斑点。

7 把坚果摆入盘中即可。

13 愤怒的小鸟

最先知道《愤怒的小鸟》，是因为这款游戏曾经极为火爆，就连最最都对它爱不释手。后来，这款游戏推出了电影，再一次引起了我们的注意。于是今天我就以小鸟为主题，将经典形象呈现在餐盘中。

配 料

西瓜，松饼，海苔，白煮蛋，巧克力豆，坚果，樱桃，
黑芝麻酱，葡萄干

造 型

1 取西瓜果肉，剪出红色小鸟的身体。

2 用松饼剪出三角形作为另一只小鸟的身体。

3 将白煮蛋的蛋白和巧克力豆搭配，摆出小鸟的眼睛。

4 取熟蛋黄做嘴巴，再用黑芝麻酱勾勒出嘴巴的线条
轮廓。

5 用海苔剪出小黄鸟的头羽和尾巴。

6 把樱桃、坚果和葡萄干一起摆在盘中就可以了。

CHAPTER 4

童真备忘录

每一个萌宝的父母也有他们各自的童年故事和回忆，听着似曾相识的歌曲，曾经陪着我们度过童年时光的身影也一个个在脑海中浮现。

01 鼹鼠

《鼹鼠的故事》记不清是什么时候上映的了，印象中在我很小很小的时候这部片子就存在了。直到现在我成为了最赞两位宝贝的妈妈，这部动画片依然还在播着。今天的花式营养餐就以鼹鼠为主题，用不一样的方式纪念一下我的童年时光。

配 料

　　苹果，黑芝麻酱，麦片，小熊软糖，坚果，白巧克力豆

造 型

　　1　将苹果切条、切片，做出雨伞的造型。

　　2　取一片苹果片用剪刀裁剪出鼹鼠的脸部和双手。

　　3　用黑芝麻酱画出鼹鼠的外部轮廓、毛发和五官。

　　4　把白巧克力豆对切成两半，充当其眼睛。

　　5　将麦片在盘中摆放成心形，小熊软糖和坚果则在空白处随意摆放即可。

02 阿童木

最赞爸爸回忆起自己的童年，记忆最为深刻的就是当时人气极高的《铁臂阿童木》，那个虽然身为机器人，却比人类更加善良和温暖的阿童木，再次唤起了我们对童年时光的回忆。简单地运用吐司片和黑芝麻酱就可以把阿童木的造型做出来。

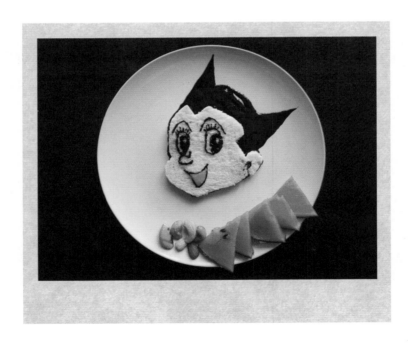

配 料

　　吐司，西瓜，坚果，黑芝麻酱

造 型

　1　用剪刀将吐司剪成阿童木的头部轮廓。

　2　用黑芝麻酱画出阿童木的发型和五官。

　3　剪成小片的西瓜摆在面包上做阿童木的嘴巴。

　4　剩余的西瓜和坚果可随意搭配摆盘。

03 猪八戒

猪八戒是《西游记》中的角色，他的身份是唐僧的二徒弟。这个人物最大的特色就在于他脑袋上那对肥大的耳朵和无法掩藏的大鼻子。用苹果片和海苔等就能够摆出人物的造型。苹果不仅果肉与人物肤色相近，营养价值也很高。

配料

蛋煎饺，苹果，蓝莓，长条饼干，海苔，黑芝麻酱，坚果

造型

1 将苹果切片，分别剪出人物的头部、耳朵和身体。

2 用海苔剪出人物的帽子、衣服、裤子和鞋子。

3 将长条饼干掰成两段，放在人物肩膀上，做钉耙的杆。

4 用剩下的苹果皮剪出钉耙的形状，铺在饼干上。

5 把蛋煎饺、蓝莓和坚果摆在盘子空白处即可。

04 哪吒

渐渐长大的赞赞，头发也长长了不少，所以我现在每天
要做的事情就又多了一项，就是替爱美的赞赞打理她的
头发。绑好了小美人的头发后，我突然发现赞赞的形象
和哪吒有几分相似。于是今天的摆盘主题就做那个人人
歌颂的小小英雄——哪吒。

配料

松饼，苹果，白煮蛋，海苔，黑芝麻酱

造型

1 将苹果切片，用剪刀剪出哪吒的脸部轮廓。

2 用海苔剪出人物的头发，再用黑芝麻酱画出五官。

3 用松饼剪出哪吒的身体和四肢。

4 将白煮蛋对切，放在人物脚下做风火轮。

5 苹果切片，剪出圆环作为手环，最后再用丝带点缀即可。

P.S. 花式餐之白煮蛋的学问

　　最赞宝贝的花式营养餐中，很多时候都有白煮蛋。因为白煮蛋保留了鸡蛋中最多的营养价值。尤其是蛋黄，比蛋清的营养价值高出很多。再者，白煮蛋可以运用在各式各样的摆盘中，营养价值高的它用来做花式餐最好不过了！

　　那么，煮多长时间才能使鸡蛋熟得恰到好处呢？开火用沸水煮5分钟后关火焖10分钟，这时的蛋黄刚凝固，还不噎人，营养价值也是最高的。如果煮得时间长了，蛋黄和蛋清之间会产生一层黑色的薄膜，长期食用对身体没有益处。

05 葫芦娃

最近，我在教最最唱《葫芦娃》的主题曲，听着清晨响起清脆的童音唱着："葫芦娃，葫芦娃，一根藤上七朵花……"我想也不想便定下了今天的花式摆盘，决定做一个绿娃的造型。绿娃的本领是喷火，所以要注意摆出"喷火"的动作。

配 料

饺子，坚果，麦片，芝士片，海苔，黑芝麻酱，苹果，青葡萄，火龙果皮

造 型

1 用芝士片剪出葫芦娃的脸部、身体和手臂。

2 用海苔剪出头发，然后用黑芝麻酱画出人物的五官和身体轮廓。

3 把青葡萄对半切开，如图摆放作为头饰小葫芦。

4 将苹果切细长条作为两侧衣领。

5 利用火龙果皮剪出衣服的裙摆，再用麦片摆出葫芦娃喷出的火焰。

6 把饺子、坚果和青葡萄一起放入盘中即可。

P.S. 花式餐之火龙果的秘密

　　最赞宝贝喜欢吃火龙果，而其又因红心瓤及白心瓤都和黑籽完美搭配，在花式摆盘中可起到画龙点睛的效果。

　　火龙果含有一般植物少有的植物性白蛋白及花青素，还含有丰富的维生素和水溶性膳食纤维。其果肉质中的黑种子，含有丰富的不饱和脂肪酸及抗氧化物质，对软化血管、防止血管内固醇类物质的积累有重要的作用。

　　吃完火龙果，不要急着丢掉果皮啊，这不起眼的果皮用处可大着呢！它既可以用来点缀花式餐，也可以用来切丝凉拌或是榨汁啊！

06 哆啦A梦

每次看完《哆啦A梦》，都特别希望自己也能够像大雄一样幸运，有一个无所不能的小伙伴陪在自己身边。只要看过《哆啦A梦》的人都会知道，它是一只蓝色的机器猫，为了在造型上做出蓝色的效果，可是花费了我不少时间，最后选取脆谷乐中的蓝色部分才解决了这个问题。

配料

芝士片，脆谷乐，坚果，西瓜，黑芝麻酱

造型

1 挑出脆谷乐中蓝色的部分，将其捣成粉末。

2 用芝士片剪出哆啦A梦的头像轮廓摆在盘中，然后撒上蓝色粉末状脆谷乐定型。

3 用黑芝麻酱勾勒出脸部五官，西瓜切出一个半椭圆形当嘴巴。

4 剪出一个五角星形状的芝士片，摆放在哆啦A梦的头顶上做小头饰。

5 剩下的西瓜片和坚果可随意摆放在盘中。

094

07 凯蒂猫

赞赞从小就很喜欢猫咪，在很小的时候看到猫咪就能准确无误地喊出它们的名字。所以今天为了赞赞，我特意做了这份简单的下午点心餐。在这个时间段，小小的人儿吃得并不多，只需要运用一些小零食就可以完成摆盘了。

配料

西瓜，熟蛋黄，脆谷乐，樱桃，海苔，巧克力豆

造型

1 将西瓜切片，取西瓜肉剪出凯蒂猫的头部摆在盘中。

2 用巧克力豆作为眼睛，放置在西瓜肉上，再用海苔剪出胡须。

3 用熟蛋黄做出蝴蝶结的造型，摆放在耳朵上。

4 取些许熟蛋黄捏出嘴巴。

5 将脆谷乐和樱桃放在盘上即可。

08 史努比

史努比是《花生漫画》中的著名角色，作为一只与众不同的小狗，他拥有与人类一样的思考能力，个性十分鲜明。幽默又特别的史努比，也是小朋友们熟知的动画形象，身为小狗的它最经典的姿势就是仰躺在自己的小屋顶上。

配料

白煮蛋，橙子，麦片，刺猬包，小熊软糖，坚果，海苔

造型

1 将白煮蛋对切，取一半作为史努比的头部。

2 将另一半白煮蛋进行裁剪，做出史努比的身体和手臂。

3 将橙子切片，取一片摆在史努比身下，做出人物仰望天空的形态。

4 用海苔剪出眼睛和耳朵的形状贴在史努比的脸上，再剪取部分红色小熊软糖作为嘴巴。

5 把刺猬包、坚果、麦片和小熊软糖摆放在盘中，丰富摆盘内容。

P.S. 花式餐之酸甜好滋味

　　我喜欢吃橙子，所以总是通过花式餐让橙子在摆盘中占有一席之地，让最赞两位宝贝也爱上吃橙子！

　　橙子又名"金环"，原产于中国东南部，是世界四大名果之一。橙子在口味上分甜橙和酸橙两种，一般鲜食以甜橙为主。甜橙果肉酸甜适度，果汁充足且富有香气，是孩子喜欢吃的水果之一。另外，鲜橙不仅能生津止渴、开胃下气和帮助孩子肠胃消化，还有防治便秘的功效。

09 高飞狗

高飞狗是迪士尼动画片中的一个经典角色，是一个和蔼可亲的人物，性格十分随和。看过迪士尼动画片的人都知道，他是米奇最忠实的伙伴，其憨厚的性格让它的受欢迎程度与米奇不相上下。在这里，用吐司搭配一些简单的食材就可以将人物造型完成了。

配 料

吐司，海苔，芝士片，西瓜，脆谷乐，坚果，巧克力麦芬，葡萄干

造 型

1 用吐司剪出心形和月牙形重叠铺在盘中，作为脸的下半部分。

2 用海苔剪出脸的上半部分和两只长耳朵。

3 用芝士片剪出长椭圆形作为眼睛，取部分巧克力麦芬搓成圆颗粒作为黑眼珠、鼻子及胡须。

4 用西瓜肉作为高飞狗的舌头和蝴蝶结，再用西瓜皮剪出图中的造型作为小帽子。

5 把脆谷乐、葡萄干和坚果一起摆放在盘中一侧即可。

P.S. 花式餐之美味的奶制品

　　记得一位育儿专家说过，奶是人类的必需品。像母乳、配方奶、鲜奶及酸奶等，不同的年龄阶段会饮用不同的奶。

　　奶类是一种营养成分齐全、组成比例适宜、易消化吸收、营养价值高的天然食品，主要为人体提供优质蛋白质、维生素 A、维生素 B_2 和钙。牛奶中富含钙，且容易被人体吸收，是膳食中钙的最佳来源。对乳糖不耐受者可首选低乳糖奶及奶制品，如酸奶、奶酪、低乳糖奶等。

10 黛丝

黛丝也是迪士尼大家庭中的一名成员，她以唐老鸭女朋友的身份而被大家所熟知。相比于唐老鸭的海军帽，黛丝身上的蝴蝶结也是其标识之一。今天的摆盘就用苹果和松饼做出人物的造型，再用鸡蛋等食材细化人物轮廓就可以了。

配料

松饼，白煮蛋，脆谷乐，桃子，黑芝麻酱，开心果

造型

1 用松饼剪出黛丝的头部和身体。

2 取白煮蛋的蛋白作为眼睛，用黑芝麻酱勾勒其轮廓和五官。

3 利用桃子的红皮剪出裙子和头上的蝴蝶结。

4 将桃的果肉剪出长条，用来点缀五官和表情。

5 将脆谷乐在盘子空白处摆出心形，最后用开心果点缀黛丝的裙摆即可。

104

11 米老鼠

这是一份应小鱼表哥要求而做的晚餐，他垂涎最赞宝贝的花式餐已经很久了。由于是晚餐，所以今天的摆盘就以主食去展开。白米饭摆在盘中做米老鼠的基本造型，放上修剪过的海苔和香肠，一只可爱萌趣的米老鼠就完成了。

配 料

白米饭，海苔，香肠，西瓜，腰果，蛏子，毛豆，牛肉，虾，小黄鱼

造 型

1 戴上一次性手套，将白米饭捏成团做米老鼠的头部、耳朵、身体和双腿。

2 用海苔剪出米老鼠的轮廓，用来点缀它的耳朵、五官、身体、手臂和尾巴。

3 将香肠切片铺在米老鼠的腿上作为裤子，再剪出圆形做脸上的红晕。

4 取腰果摆在腿部下方做鞋子。

5 在盘子左侧空白处放上西瓜，右侧放上小黄鱼、虾、蛏子、毛豆和牛肉。

CHAPTER 5

舌尖上的节日

每年的节日总是多不胜数,为了让孩
子们能够记住这些节日,我就将个别
节日以别样的形式展现在了孩子们的
面前。

01 六一小火车

今天是六一儿童节，为了庆祝这个和最赞两位宝贝相关的节日，我特地为他们做了这一道应景早餐。用小火车做造型，再以不同的配料去做出宝贝们喜欢的卡通萌宠形象。最最看到了这道餐点，还十分有国际范儿地念出了它们的英文名字。

配料

吐司，香梨，圣女果，巧克力豆，黑芝麻酱

造型

1 用吐司剪出小火车车头、车厢及车轮的形状。

2 用黑芝麻酱在盘上画出火车的轨道，然后用剪好的吐司拼出火车的图案。

3 用吐司剪出小兔子，再用香梨剪出小象，一起放在火车上。

4 用黑芝麻酱画出小兔子和小象的五官。

5 用圣女果剪出太阳的造型和小兔子的领结，最后在吐司上放上巧克力豆点缀即可。

02 父亲节快乐

爸爸一直是家里的顶梁柱，今天是父亲节，而且也是爸爸的生日。为了表达对最赞爸爸的双重祝福，我以爸爸和最赞兄妹的形象做出了这份花式营养餐。盘中采用的是平时最赞萌宝和爸爸互动的场景之一，用来做摆盘倒是十分有意思。

配 料

芝士片，桃子，橙子，猕猴桃，粽子，白煮蛋，杨梅，坚果，黑芝麻酱，葡萄干

造 型

1 用芝士片剪出三个人的脸部、身体和四肢，再用黑芝麻酱画出人物的头发和五官。

2 将橙子和猕猴桃削皮，取橙子皮和猕猴桃皮做出哥哥和妹妹的服饰。

3 将猕猴桃切片，摆出爸爸的上衣，取部分粽子铺在衣服下边做裤子。

4 取白煮蛋中的蛋黄作为太阳摆在盘子左侧。

5 把杨梅、葡萄干、坚果一同摆盘。

03 母亲节之期待赞赞

有了父亲节的花式餐，自然也有母亲节的应景早餐。这次的摆盘是依照我和最最所拍的亲子照做出来的造型，带着对未出生宝宝的期待，留下了这张照片。在母亲节这个特殊的日子里，用摆盘传递身为母亲对他们的爱意。

配料

火龙果，芝士片，海苔，白煮蛋，坚果，青葡萄，小熊软糖，蓝莓，草莓酱，黑芝麻酱

造型

1 用芝士片分别剪出妈妈的脸部、手臂及哥哥的脸部和四肢。

2 用海苔剪出母子俩的头发，并用黄色的小熊软糖剪出蝴蝶结的造型点缀在妈妈的头发上。

3 用黑芝麻酱画出人物的五官，再用草莓酱画出妈妈脸上的红晕。

4 将火龙果切片，取一片剪成孕妈妈的身体形状。

5 把青葡萄对半切开，铺在盘上作为哥哥的身体，蓝莓对切做哥哥的鞋子。

6 在盘子空白处用火龙果剪出爱心的造型点缀摆盘。

7 将白煮蛋剥壳切片，最后放上坚果即可。

04 端午龙粽

在端午节这个日子中，最热闹的活动当属赛龙舟。虽然没能去现场观看，但在家里做上一份花式应景餐也别有一番趣味。这个摆盘所要用的食材并不复杂，只要将相应的果蔬和鸡蛋处理好摆放在盘中，一条生动有趣的龙就成形了。

配料

粽子，白煮蛋，苹果，青瓜，黑芝麻酱

造型

1 用黑芝麻酱画出龙的嘴巴、牙齿、龙须等部位。

2 将青瓜切成丝，摆放出龙头的造型。

3 将苹果切成小三角做龙鳞，再剪出两个枝干形状的苹果片做龙角，部分切成细丝做龙舌等。

4 把白煮蛋对半切开，放置在青瓜丝上当作龙的眼睛，用黑芝麻酱点睛。

5 在盘子空余的地方放上粽子即可。

05 护士节

5月12日是国际护士节，为了感谢那些在我们生病时守候在旁的护士，我特意以她们为主题做了这份摆盘。根据护士的形象，用吐司为基础摆出人物的轮廓造型。用黑芝麻酱仔细勾勒面部线条，一个微笑天使的形象就诞生了。

配料

吐司，白煮蛋，火龙果，坚果，黑芝麻酱，圣女果

造型

1　用吐司剪出护士的脸部，把圣女果剪成其嘴巴的样子摆放在吐司上。

2　用黑芝麻酱画出五官和头发。

3　将火龙果切片，剪出衣领的形状。用火龙果的外皮剪出护士帽子。

4　将白煮蛋去壳切片摆盘，最后再放上坚果和火龙果。

CHAPTER 6

最赞心间事

家有萌宝，生活也变得多姿多彩起来。
萌宝们在生活中的趣事，都被妈妈以
不同的摆盘形式呈现在大家面前。

01 赞格格

赞赞23个月的时候，我特意为长高不少的她打扮了一下。看着萌萌的赞赞，我心里一动就照着她的造型做了这一份花式营养餐。火红色的服装自然要用西瓜的果肉去做，再利用其白色的部分，搭配上其他配料，小小的赞赞就出现在盘中了。

配 料

西瓜，脆谷乐，荔枝，黑芝麻酱

造 型

1 取西瓜中的白色部分剪成圆形作为人物的脸部，用西瓜的果肉做服饰造型。

2 用黑芝麻酱画出人物的头发、五官及衣服上的纹路。

3 在人物的额头上放一颗西瓜子做点缀。

4 在盘子下方摆上荔枝和脆谷乐即可。

P.S. 花式餐之神奇的黑芝麻酱

在最赞宝贝的花式营养餐中，黑芝麻酱可谓是"功臣"。很多人都以为那是巧克力酱，其实偶尔我也会选用巧克力酱。但是相对而言，黑芝麻酱更加健康，而且色泽更加亮丽鲜明，特别是在勾勒线条时，往往能画龙点睛。

而且芝麻，是被誉为食物三状元的"芝麻、黄豆、葵花子"之首的营养食品，不仅含丰富的优质蛋白，还富含植物脂肪，主要成分亚油酸是理想的肌肤美容剂。人体内缺乏了亚油酸，皮肤就会干燥、鳞屑肥厚、生长迟缓。芝麻中所含的维生素 E，不仅能预防皮肤干燥，而且能增强皮肤对湿疹的抵抗力。

02 最王子

最最今天要参加大提琴汇报演出，为了替他加油，我特意参照他现在的模样做了这个摆盘早餐。一身正装的最最系着的领结是一个特征，而另一个特征就是他手中的大提琴。抓住这两个特征，最王子的造型就可以很好地呈现出来了。

配料

　　芝士片，蛋糕卷，橙子，樱桃，坚果，黑芝麻酱，葡萄干

造型

1 用芝士片剪出头部，然后用黑芝麻酱画出头发和五官。

2 将橙子削皮切片，剪出大大的领结。

3 将蛋糕卷铺平，剪出大提琴的造型，用蛋糕卷的不同烤色部分做出大提琴的配件和弓子。

4 用黑芝麻酱在大提琴上画线点缀。

5 把坚果、樱桃和葡萄干摆入盘中。

124

P.S. 花式餐之小小葡萄干

　　在最赞宝贝的花式营养餐中，葡萄干的出镜率也不少，几乎每个摆盘中都会用它进行些许点缀，多数情况下，葡萄干是随着坚果一起出现的。比起口感稍硬的坚果，葡萄干吃起来香甜可口，而且在营养方面也不输给坚果。

　　葡萄干是晾干或晒干的葡萄果实，有补血补气的功效。而且它还可以促进肠胃消化，提高人体新陈代谢功能。肉质软糯的葡萄干也可以作为孩子们的小零食，由于其含铁量丰富，是一款非常好的滋补佳品。

126

03 女歌手

最最所在的小五班参加了学校的合唱比赛，还赢得了第一名的好成绩。为了奖励冠军团队，我特别制作了这个花式水果拼盘。我用猕猴桃拼凑出人物裙摆的造型，再用红色的圣女果去点缀，为了贴近主题，再绘制出不同的音符就完成了。

配料

白煮蛋，猕猴桃，圣女果，葡萄，黑芝麻酱

造型

1 将白煮蛋去壳切半，摆入盘中作为人物的头部。

2 用黑芝麻酱在白煮蛋上画出五官。

3 将葡萄对半切开，摆在白煮蛋周围作为人物的头发。

4 把另一半白煮蛋摆放在人物头部下方做脖颈。

5 将猕猴桃切片，铺放在盘中做出礼服造型。

6 将圣女果切成花朵，放在猕猴桃上点缀。

7 用黑芝麻酱在盘中空白处画出话筒和音符即可。

04 女王陛下

在生日的这一天，为自己做一份专属的花式摆盘餐。我平时都是观察身边的人事物，去完成各种各样的摆盘，观察自己倒是第一次。凭着想象运用手中的材料，一点一点地摆出自己脑海中勾勒的造型，这种感觉还真是特别。

配料

芝士片，西瓜，橙子，蓝莓，黑芝麻酱

造型

1 用芝士片剪出人物的脸部，然后用黑芝麻酱画出头发和五官。

2 将西瓜和橙子去皮切片，剪出人物的凤冠，层叠着摆放以呈现立体感。

3 在凤冠羽毛的尾端，摆上一颗西瓜子。

4 在人物脸上用西瓜点缀出小嘴和胭脂，眼睛部分放上芝士片，将人物的神采勾勒出来。

5 用橙子和西瓜剪出人物的衣领和服饰，用黑芝麻酱勾勒出上面的线条花纹。

6 在凤冠和人物头发上放上蓝莓进行点缀，在盘中一侧用黑芝麻酱写出姓名。

130

05 最赞一夏

暑假到了，宝贝们的生活也变得丰富起来，出门、游玩，很少有闲下来的时候。今天的摆盘主题，就是根据宝贝们去玩漂流的场景而做的。以小芒果和橙片摆盘，夏天的感觉就出来了，配上小小的人儿，生动有趣的摆盘就完成了。

配 料

蛋挞，小芒果，橙子，桃子，圣女果，蓝莓，熟蛋黄，麦片，坚果，黑芝麻酱，长条饼干

造 型

1 将桃子削皮切片，剪出人物的脸部，用黑芝麻酱画出五官和头发。

2 人物的身体用圣女果和蓝莓做出，取熟蛋黄作为太阳。

3 将小芒果对切作为两只漂流船，放在人物下方。

4 将橙子切片，剪成扇形，摆上长条饼干做出太阳伞的造型。

5 把蛋挞摆盘，再放上麦片和坚果即可。

06 欢迎爸爸回家

爸爸今天从美国出差回来，为了欢迎他回家我专门做了这道餐点。因为爸爸要回家，所以宝贝们非常高兴，一直念叨着爸爸。因此我用黑芝麻酱画出最赞宝贝们等待的身影，借此表达他们对爸爸回家的期待和兴奋。爸爸，我们很想你！

配料

> 樱桃，猕猴桃，奶酪棒，坚果，海苔，黑芝麻酱

造型

1 将樱桃对半切开，铺在盘子中做心形气球。

2 用剪刀将海苔剪成长丝当作气球的绳子，再将奶酪棒剪成云朵的造型。

3 将猕猴桃切片，摆放在盘中当作绿草坪，用坚果点缀做花朵。

4 用黑芝麻酱画出手牵手的兄妹俩即可。

134

07 向日葵

最近翻看以前拍摄的照片，发现最最小时候在向日葵田里游玩的留念照，一时兴起便做了这份花式餐。将蓝莓和鸡蛋结合，营养十足且味道极好。为了彰显向日葵花瓣的颜色，我特意将鸡蛋去除了蛋白的部分，这样花瓣的深黄色就出来了。

配料

　　饺子，鸡蛋，蓝莓，圣女果，坚果，小熊软糖，黑芝麻酱

造型

1　将鸡蛋的蛋黄和蛋清分离，取蛋黄液用小火煎成薄片。

2　把煎好的蛋饼剪成长条叶片作为向日葵的花瓣。

3　用蓝莓在盘中摆成圆形，当向日葵的花盘。

4　把圣女果对切，分别摆放在盘子两侧。

5　用黑芝麻酱画出向日葵的根部，然后把坚果、饺子、小熊软糖放在根部周围即可。

08 自行车

最近，给最最买了一辆自行车，有了这么一个便利的小交通工具，最最经常会骑着它上下学。所以今天我就以最最的自行车为原型，做了这份简单的营养餐点。这里面用到的食材虽然不多，但每一种都有充满了营养。

配 料

猕猴桃，鱼肠，圣女果，白煮蛋，麦片，草莓奶酪，绿叶

造 型

1 将猕猴桃洗净切片，取其中两片摆盘作为自行车的轮子。

2 另取一片猕猴桃，剪出脚踏板的造型。

3 将鱼肠剪出长条、方形和三角形，分别作为车架、车把手、车筐和座椅。

4 在车筐上方放上圣女果进行点缀。

5 取草莓奶酪，剪成太阳的样子摆盘。

6 将白煮蛋剥壳切片，再放上麦片和圣女果，取一绿叶点缀即可。

09 中国娃娃

这是新年的第一份早餐，以中国娃娃为摆盘要点，希望喜庆的小娃娃能够给我们带来好愿景，让新的一年红红火火、喜气洋洋。为了突出喜庆的感觉，整个摆盘以红色为基本色调，因此红色的火龙果和圣女果是这里必不可少的材料。

配 料

　　白煮蛋，海苔，火龙果，圣女果，刺猬包，麦片，坚果

造 型

1 将白煮蛋剥壳对切，取一半放入盘中作为人物的脸部。

2 用海苔剪出人物的头发、五官和裤子。

3 用火龙果剪出上衣，和裤子一起摆盘。

4 用圣女果对切作为红灯笼，取些许圣女果剪出人物脸上的红晕和头上的发饰。

5 利用火龙果外皮，将其剪成灯笼的流苏和其他小配件点缀。

6 在人物脚下铺上麦片和坚果，最后放上刺猬包即可。

10 冰激凌

炎炎夏日，在这样天气里，最想要的就是来一份冰激凌，消除身上源源不断的热气。日光毒辣，最赞宝贝用餐时胃口也变小了不少。为了让他们恢复胃口，我特意将餐点做成冰激凌的造型，好让宝贝们能够好好用餐。

配料

　　松饼，荔枝，樱桃，脆谷乐，坚果

造型

　1　用松饼剪出甜筒托的造型。

　2　将荔枝去核切片，铺放在甜筒托上作为冰激凌。

　3　在冰激凌上放上樱桃点缀。

　4　在冰激凌下方摆上脆谷乐和坚果即可。

142

11 我想学跳舞

最最和我分享幼儿园生活时，告诉我他们班好多女同学都在放学后学舞蹈，在探讨舞蹈这个问题上，最最表示自己也想学习一下。说到舞蹈，我第一反应就是芭蕾舞。所以今天的摆盘，就围绕着舞蹈去展开吧。

配料

猕猴桃，鱼肠，草莓奶酪，海苔，草莓酱，黑芝麻酱

造型

1 将猕猴桃切片，铺放在盘子中央作为四个舞者的裙子。

2 把鱼肠切成若干个圆形、块状及长条形，作为舞者的脸部、身体和四肢。

3 用海苔剪出人物的头发，再用黑芝麻酱画出其眼睛和脚部。

4 用草莓奶酪和草莓酱做相应点缀即可。

12 两小无猜

最赞宝贝的感情虽然很好，但偶尔还是会吵架，而今天这份花式餐的初衷就是希望兄妹俩能够两小无猜，一直相亲相爱下去。这里用不同的食材摆出两个小人互相依偎的造型，再放上分量十足的炒米线、坚果等就可以了。

配 料

　　什锦炒米线，苹果，雪梨，芝士片，坚果，黑芝麻酱

造 型

　　1 用芝士片剪出两个小朋友的脸部。

　　2 用黑芝麻酱画出他们的头发和五官。

　　3 用苹果和雪梨剪出人物的衣服，然后用苹果皮剪出女孩
　　　头上的蝴蝶结。

　　4 把什锦炒米线放在盘中，在其两侧摆上坚果和雪梨就完
　　　成了。

13 爱我中国

最最在四周岁生日时许了个愿望，说他长大以后想要当警察，保护妈妈、家人以及捍卫自己的祖国。所以为了鼓励他，今天营养餐的主题就是："中国，一点都不能少！"这道花式营养餐，既富有能量又十分有营养，快来动手做一份吧！在吃的时候可以向宝贝们详细讲述中国的领土范围，既可以丰富他们的地理知识，也是对摆盘中不能展示的细节部分的有益补充。

配料

松饼粉，鸡蛋，胡萝卜，紫葡萄，蓝莓，芝士片，小熊软糖

造型

1 将胡萝卜切成细丁，加入鸡蛋和松饼粉拌匀，在锅中摊平煎成薄片。

2 将煎好的蛋饼剪出中国地图的形状，要尽量精确，摆盘。

3 用芝士片剪出五角星的形状铺放在中国地图上。

4 在地图左侧用紫葡萄和蓝莓摆出气球的造型，放上小熊软糖点缀即可。

P.S. 花式餐之多样食物油

　　我经常给最赞宝贝炒什锦米线或是什锦炒饭，就是把各种颜色的食材，如胡萝卜、花椰菜、黄瓜、鸡蛋、肉末或是虾仁等炒在一起，这样不仅色泽光鲜、口味鲜美，而且营养可以一次性补充完整。

　　热炒就会涉及到食用油——大家会长期食用一种植物油吗？任何一款植物油均有其营养优势，有的富含单不饱和脂肪酸、有的富含必需脂肪酸、有的耐高温能力强，交替食用更可满足营养需求，又可避免长期食用单一某种油脂会造成营养失衡的潜在隐患。